U0289101

钱晶晶　牛卢璐◎编著

科学技术文献出版社
SCIENTIFIC AND TECHNICAL DOCUMENTATION PRESS
·北京·

图书在版编目（CIP）数据

气候怎么了 / 钱晶晶，牛卢璐编著. —北京：科学技术文献出版社，2018.9（2020.7重印）

ISBN 978-7-5189-4538-2

Ⅰ. ①气… Ⅱ. ①钱… ②牛… Ⅲ. ①气候—青少年读物 Ⅳ. ① P46-49

中国版本图书馆 CIP 数据核字（2018）第 123374 号

气候怎么了

策划编辑：张 丹 责任编辑：马新娟 责任校对：文 浩 责任出版：张志平

出 版 者	科学技术文献出版社
地 址	北京市复兴路15号 邮编 100038
编 务 部	（010）58882938，58882087（传真）
发 行 部	（010）58882868，58882870（传真）
邮 购 部	（010）58882873
官方网址	www.stdp.com.cn
发 行 者	科学技术文献出版社发行 全国各地新华书店经销
印 刷 者	北京虎彩文化传播有限公司
版 次	2018 年 9 月第 1 版 2020 年 7 月第 3 次印刷
开 本	710×1000 1/16
字 数	81千
印 张	6.75
书 号	ISBN 978-7-5189-4538-2
定 价	48.00元

前　言

在漫漫历史长河中，地球气候并不是一成不变的。气温和现在相比，有高也有低，但变化速度总体是缓慢的。然而现在，科学家发现了一个问题：近百年来，气候变化实在太快了！

气候，到底怎么了？气候发生变化，人类和地球上的其他生物将何去何从？我们可以做些什么来拯救这浩瀚宇宙中迄今被认为是唯一存在生命的地球？

目前，市面上关于气候变化的图书比比皆是，有的是权威的气候变化评估报告，有的是气候学家关于气候变化影响、风险的最新研究，有的是各国应对气候变化的政策解读，有的是科幻人类在气候变化面前最后的命运……然而，写给小学生看的有关气候变化的图书却并不多。涉及气候变化相关基础性科学问题，并系统性地向小学生科普气候变化的图书很少。

《气候怎么了》是一本写给小学生看的气候变化科普书。我们以一些生动有趣的知识点作为切入口，用浅显易懂的语言对气候变化进行科普。希望能用一段段活泼的文字和一张张童趣的图片，揭示气候变化的科学内容，激发小学生的阅读兴趣，让他们对气候变化问题了然于胸，对地球和人类的未来有更多的关注和思考。

我们只有一个地球，气候变化谁都无法逃避。为了地球，更是为了我们自己，是时候了，地球的小主人们，从现在开始行动起来。未来，在你我手中！

目录

第一章　地球病了

1　气候是什么？ / 2
2　咦，气候怎么了？ / 5
3　气候为什么会变呢？ / 8
4　人类活动对气候变化的影响有多大？ / 11
5　气候变化为何总是雾里看花？ / 14
6　气候变化曾对历史产生了什么影响？ / 17

第二章　发烧警戒线

1　2 ℃，为什么可以改变世界？ / 20
2　厄尔尼诺和拉尼娜是什么？ / 23
3　现在的气温上升记录是多少？ / 26
4　我们排放了多少二氧化碳？ / 29
5　全球海平面将上升多少？ / 32
6　地球会变成火星或者金星吗？ / 35

第三章　消失的地平线

1　大堡礁为什么变成了“大笨礁”？ / 38
2　珠穆朗玛峰的冰塔林怎么了？ / 41
3　破坏亚马孙雨林的凶手是谁？ / 44
4　第一批气候难民是谁？ / 47
5　哪些城市即将沉没？ / 50
6　温室中的我们将何去何从？ / 53

第四章　气候变化与生物“变形记”

1　金蟾蜍为何灭绝？ / 56
2　北极熊和企鹅怎么了？ / 58
3　海洋生物如何艰难存活？ / 60
4　气候变化对动物性别有什么影响？ / 63
5　“动物移民”工程是什么？ / 65
6　气候变化，昆虫将统治地球吗？ / 67

第五章　我们在行动

1　是时候行动起来了吗？ / 70
2　发展之路怎么走？ / 73
3　“与碳之战”如何开展？ / 75
4　《蒙特利尔议定书》的胜利意味着什么？ / 79
5　什么是“种一棵树的经济学”？ / 81
6　小小行动也能影响气候变化吗？ / 83

第六章　应对气候变化的奇思妙想

1　我们有可能拯救地球吗？ / 86
2　地球工程是速效“退烧药”吗？ / 88
3　“未来之牛”是什么？ / 90
4　是否有一种植物可以改变气候？ / 92
5　“末日种子库”可行吗？ / 94
6　那么，我们移民火星好吗？ / 96

参考文献

第一章　地球病了

1 气候是什么？

远古时代，人类还无法很好地解释各种自然现象，认为打雷、闪电等天气现象都是神明的旨意，怀着惧怕的心理。那时的人们还会进行各种祭祀祈福活动以求神明保佑他们风调雨顺。但是，天气真的是由神控制的吗？祭祀祈福真的可以让天气变化吗？

（1）最早的气候记录

无论在哪个时代，天气对人们的生活都有着巨大的影响。因此，在很久以前，我们的祖先就已经开始重视天气的变化并对其进行观测。

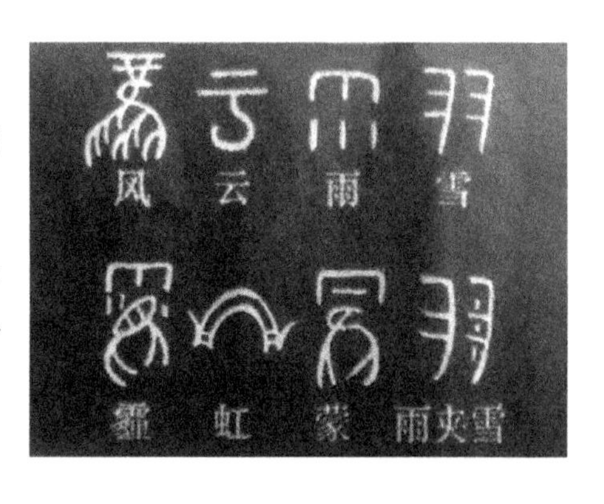

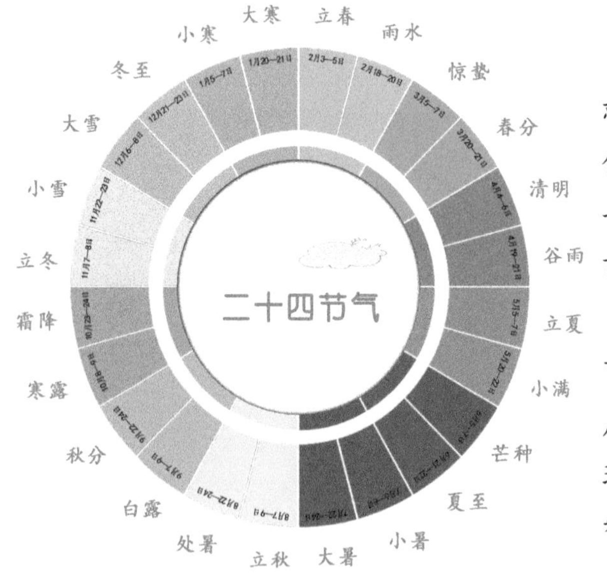

相传在黄帝时期，就已经开始有人从事气候观测。目前发现的最早的气候记录是3000年前的殷墟甲骨文卜辞。

我国传统的二十四节气，就是一种充分考虑了季节、气候等自然现象转化情况的传统智慧。

（2）天气和气候

天气是指一定区域短时间内（几分钟到几天）发生的气象现象，如雷雨、台风、冰雹、寒潮、大风等，它总是在变化。天气是时时变、天天变、每个季节都在变。

而气候是指一个地区长时间内（月、季、年、数年、数十年和数百年以上）的“天气平均状况”，主要反映一个地区冷、暖、干、湿等基本特征。气温和降雨量是它的主要指标。

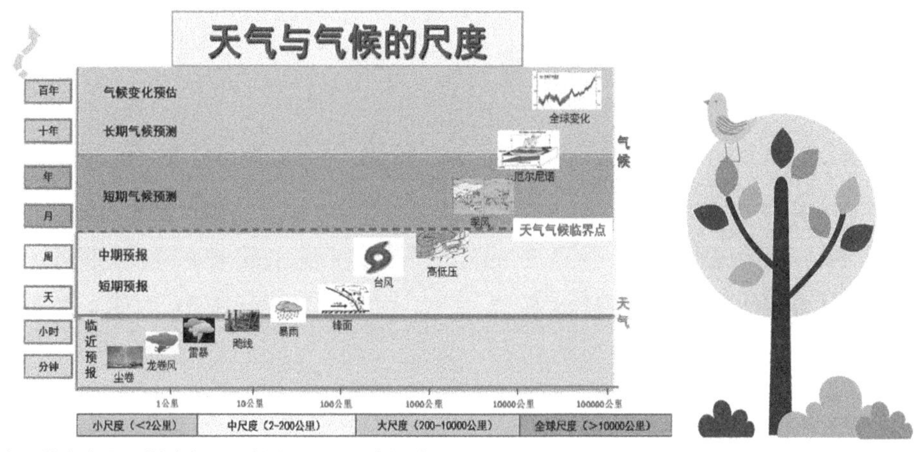

注：图片来源于巢清尘《科学认识和理解气候变化》。

（3）气候是很复杂的

气候资源是人类最重要的自然资源之一，地球上的生命和人类的存在都依赖于气候环境。

地球气候在不同的地方是不一样的。太阳对地球的辐射赤道最多，南北极最少。气温也随着太阳辐射的多少由炎热向寒冷转变。从纵向来看，山顶的气温比山脚的低，海拔越高越寒冷，例如，我们熟知的喜马拉雅山上就终年积雪。

气候是很复杂的，大气环流、海陆位置、地形等都是影响气候的主要因素，即使是气象学家也不能完全了解气候的形成和变化情况。

（4）世界气候分布图

1920 年，气候学家弗拉迪米尔·彼得·柯本绘制了一幅世界气候分布图。直到今天，我们仍在使用。

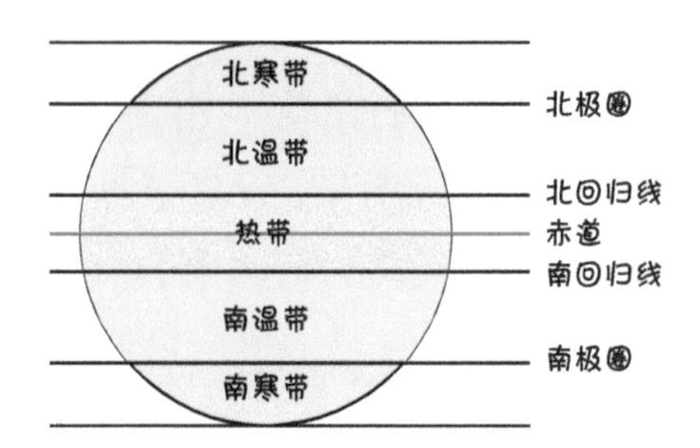

世界上最热的地方——利比亚的阿济济耶，曾出现 58 ℃的历史最高气温。

世界上最干旱的地方——智力的阿里卡，位于阿塔卡马沙漠北段，年降水量不足 1 毫米。

世界上年平均降雨量最多的地方——印度东北部的乞拉朋齐，有世界“雨极”之称，乞拉朋齐以西 16 千米的一个小村庄年降雨量约为 12 米。

世界上最寒冷、风最大的地方——南极洲。

知识链接

柯本气候分类法

柯本气候分类法由德籍俄国气候学家弗拉迪米尔·彼得·柯本（1846 年 9 月 25 日—1940 年 6 月 22 日）于 1900 年创立。柯本气候分类法是世界上使用最广泛的气候分类法。

柯本以气温和降水为指标，并参照自然植被的分布进行气候分类。把全球气候分为 5 个主要气候带：赤道气候带、暖温带气候带、冷温带气候带、极地气候带及干燥气候带。

2 咦，气候怎么了？

在漫漫历史长河中，地球气候并不是一成不变的。气温和现在相比，有高也有低。地球的环境、地球上的生物也一直随着气候的变化而变化。

但现在，科学家发现了一个问题：近百年来，地球气候变化得太快了！过去需要几千年甚至几万年才会发生变化的气候，现在只需要几百年，甚至几十年。

（1）气候变化

气候变化主要是指气候平均值和气候离差值随着时间出现了显著变化。

平均值的变化表明气候平均状态的变化，如平均气温、平均降水量等变化。

离差值的变化表明气候状态不稳定，如最高气温、最低气温、极端天气事件等变化。离差值越大，说明出现极端气候的情况越明显。

（2）目前气候变化的具体表现

1）全球变暖

由于气候具有很大的自然可变性，科学家们并不认为温度一定会每年都上升。但是，他们确实认为在过去几十年里，全球温度普遍在升高，且在未来几十年里气温还将保持上升趋势。

2）冰川融化

全球气候变暖又带来了极地冰川的加速融化。据科学家观测，南北极冰雪融化不断加快，海冰面积不断缩小。

3）海平面上升

冰川融化又会导致海平面的上升。同时，海水温度上升，水就会膨胀，体积变大，这是海平面上升的另一个原因。

海岛国，如马尔代夫、帕劳等在不久的未来将面临沉没的风险。其他地势较低的沿海城市，如伦敦、纽约等，遭遇洪水海啸的可能性变大，人类生存变得岌岌可危。

4）降水

降水发生了变化。有的地方降雨越来越少，而有的地方却越来越多。降雨越多，意味着飓风和其他剧烈的风暴带来洪水的可能性就越大。

5）干旱和沙漠

科学家确定，还有一些地方会因为气候变暖遭受干旱。干旱促使土地龟裂，植物生长困难。没有植物的滋养，土地就会被破坏，逐渐变成沙漠。

6）极端天气

近年来，高温、暴雨、大雪、台风等极端天气在世界各地频繁发生。据统计，1996—2015 年，全球共计发生极端天气事件 10 000 多起，50 多万人因此丧生。

3 气候为什么会变呢？

地球气候是在不断变化中的，影响气候变化的原因很复杂。其中有自然的原因，也有人为的因素。但科学家普遍认为，现代人类的生活方式是导致气候变化加速的主要原因。

（1）影响气候变化的自然因素

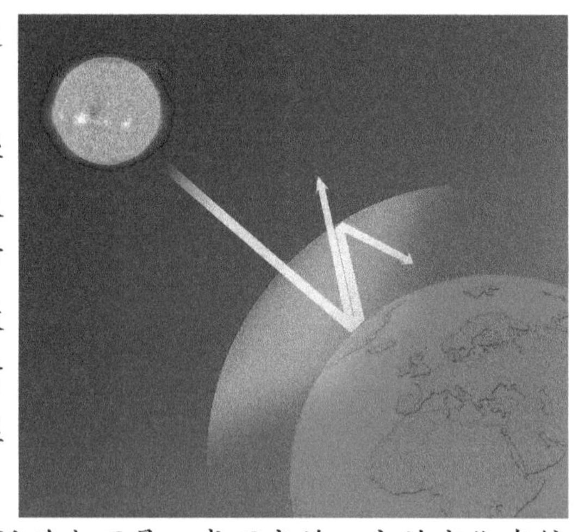

工业革命前，影响气候变化的主要原因是自然因素。

地球轨道运行：科学家经过仔细计算发现，地球绕着太阳公转的角度和轨道每过几万年会发生略微变化。这就导致了地球接收到的太阳照射有所不同，地球也不断更迭处于温暖期或冰川期。

太阳活动强度变化：太阳活动也不是一成不变的，它的变化直接影响着地表温度。许多科学家认为，太阳黑子数多时地球偏暖，少时地球偏冷。

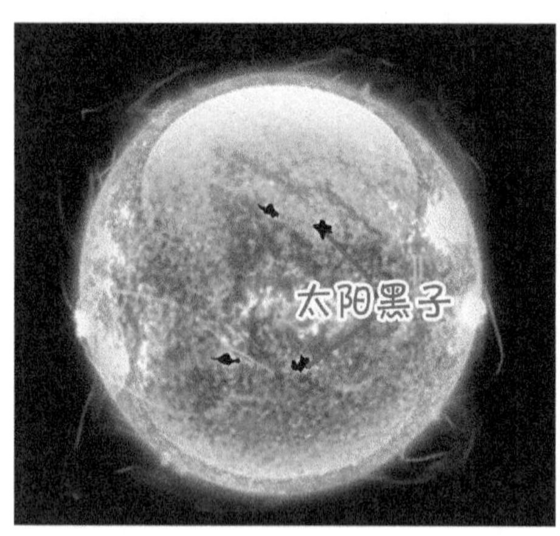

地球的宇宙环境：在宇宙中穿行的小行星、彗星、陨石等与地球撞击发生大爆炸，使得海水沸腾、陆地燃烧，地球气温上升。

地球的各种运动：火山爆发会在大气中形成厚厚的灰尘云，使地球接收的太阳光变少；地震会轻微改变地球的自转，影响气温。

气候系统内部震荡：最主要的是大气与海洋环流的变化。这种变化明显与地区性的温度和降水变化有关系。

（2）影响气候变化的人为因素

工业革命后，人类活动是影响气候变化的主要因素。

目前，科学家对气候变化的原因达成共识，即近百年的气候变化，温室气体的影响非常重要。

（3）是人类制造了温室效应吗？

温室效应在地球上已经存在了40亿年，它的存在可以说是必不可少的。没有温室气体，地球就会太冷，生物就无法生存。但是，太多的温室气体进入大气层，如二氧化碳，地球就好像变成了一个温室的玻璃房，这就是温室效应。

我们最好还是让温室效应保持原样。现在大气中温室效应增强，将使一切都变得不一样。过强的温室效应使地球发烧了。

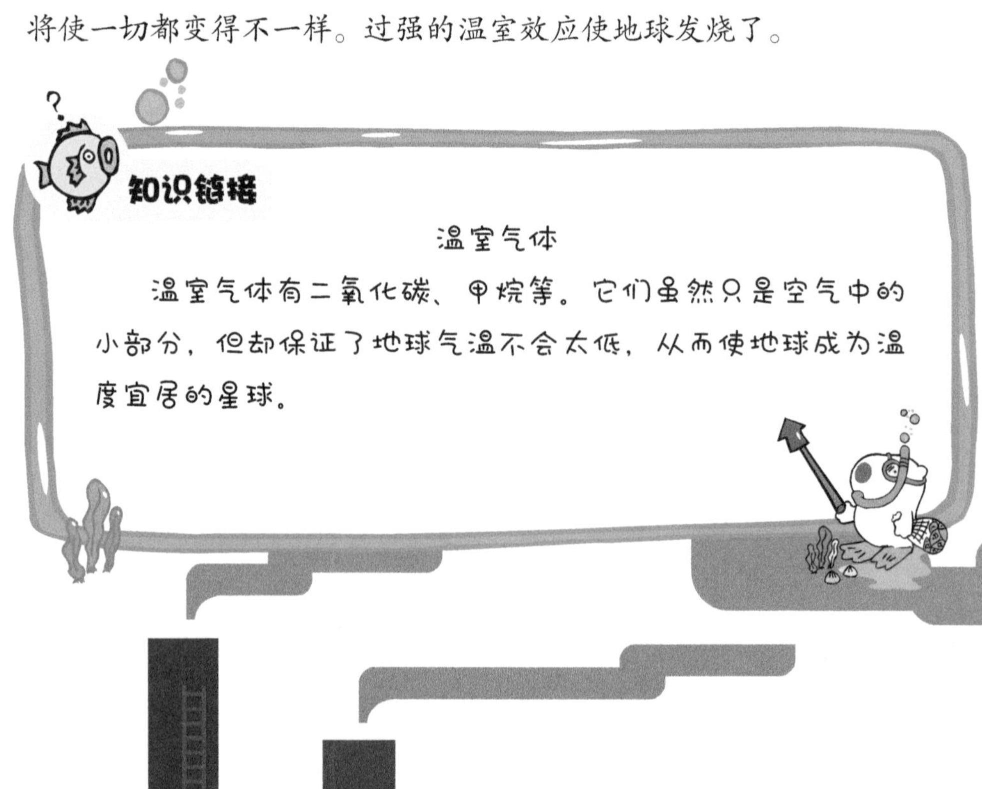

温室气体

温室气体有二氧化碳、甲烷等。它们虽然只是空气中的小部分，但却保证了地球气温不会太低，从而使地球成为温度宜居的星球。

4 人类活动对气候变化的影响有多大？

根据联合国政府间气候变化专门委员会（IPCC）的报告，科学家对人类活动对气候变化影响的认识不断深化，并已经得出结论：人类活动与近50年气候变化的关联性达到90%，是导致全球气候变化的主要原因。

（1）二氧化碳越来越多

在最近的50年间，人类工业化水平飞速发展。汽车、卡车、飞机等数量显著增加。燃煤发电站、工厂排放不断增多。这些都是通过化石燃料的燃烧来产生能量的。当化石燃料燃烧时，就会排放出大量二氧化碳。过多的二氧化碳使温室效应过强，地球发烧了。

根据IPCC发表的权威报告，自1850年以来，人类活动使大气中二氧化碳增加到原来含量的130%，而且还一直在增加，因而很大程度上增强了温室效应，加剧了气候变化的进程。

知识链接

IPCC

IPCC，即联合国政府间气候变化专门委员会，它是目前世界上在气候变化领域最大、最权威的组织。它于1988年建立，大约每年会召开一次联合国气候变化大会。对人类了解气候变化、应对气候变化都有着重大的意义。

（2）人类排放的主要温室气体

人类活动所产生的温室气体主要有6种：除了二氧化碳外，目前发现的人类活动排放的温室气体还有甲烷、氧化亚氮、氢氟碳化物、全氟化碳、六氟化硫。对气候变化影响最大的是二氧化碳，二氧化碳的生命期很长，一旦排放到大气中，最长可存在200年。

（3）人类活动与二氧化碳排放

20%来自燃煤发电厂；22%来自砍伐森林；25%来自工业；17%来自交通运输；其余16%来自办公楼和住宅取暖。

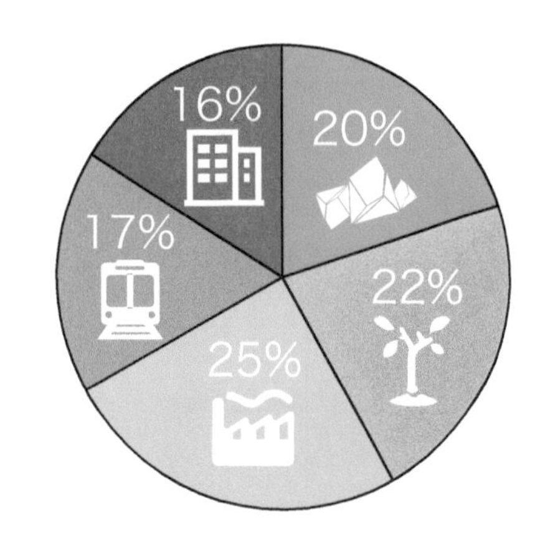

（4）碳足迹

碳足迹是指一个人因衣食住行等活动消耗能源，最终向大气中排放的二氧化碳的量。用于衡量人类活动对于气候变化的影响。“碳”用得越多，“二氧化碳”也制造得越多，“碳足迹”就越大；反之，“碳足迹”就越小。

生活中点滴都可能留下碳足迹，并影响全球气候变化。绿色低碳的生活方式是降低人类对气候影响的必然选择。

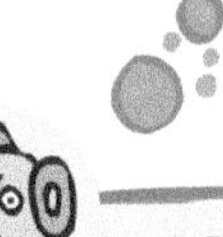

知识链接

目前，市面上有各种碳足迹计算器。我们可以根据以下公式计算自己的碳排放量。

家居用电的二氧化碳排放量（千克）= 耗电度数 ×0.785。

开车的二氧化碳排放量（千克）= 油耗公升数 ×0.785。

乘坐飞机的二氧化碳排放量（千克）计算如下。

短途旅行：200 千米以内 = 千米数 ×0.275；

中途旅行：200 ～ 1000 千米 = 55+0.105×（千米数 -200）；

长途旅行：1000 千米以上 = 千米数 ×0.139。

（来源：中国气候变化信息网）

5 气候变化为何总是雾里看花？

在气候变化这个问题被提出来的早期，科学家争议的主要是两个问题：①气候是否在变化；②人类活动在气候变化中究竟扮演着怎样的角色。

经过了无数科学家对气候变化问题的研究探索，目前，几乎所有科学家的共识是“气候变化是人类难以忽视的真相”，且我们人类在改变气候中是罪魁祸首。

但新的问题是地球气候以何种速度在改变，最终又会有什么后果，我们究竟需要如何行动，关于这些却一直无法统一。

知识链接

《难以忽视的真相》

这是一本美国前副总统戈尔为全球变暖写的书。戈尔从保护环境的角度出发，向大家展示了很多有关全球气候变化给人类带来的巨大危害，引起了社会对气候变化问题的关注。戈尔本人也因此获得了2007年诺贝尔和平奖。根据该书改编的同名电影，获得了2007年美国奥斯卡金像奖。

为何气候变化总是雾里看花？

1）气候很复杂

气候涉及温度、降雨、地形等众多因素，我们并不完全了解气候的运转情况，对未来气候变化的预测就更难了。

2）气候变化远在天边，近在眼前

气温上升零点几度，海平面上升零点几米，我们似乎很难明确感受到。于是，有人假装它不存在，或对气候变化漠不关心，这一切导致了大家对气候变化的认知是那么有限。

3）人们其实很难冷静地评价气候变化

因为气候变化问题会涉及减少排放，而减排会在某种程度上影响经济发展。

这不仅是因为它与政治、经济都如此紧密地纠缠在一起，更因为恰恰是工业文明的发展造成了气候的变化。这也就意味着当我们在处理气候变化这个问题的时候，就会有人赢、有人输。

知识链接

联合国气候变化大会

在每年举行的联合国气候变化大会上，各个国家就气候变化问题展开了激烈的讨论，主要是关于气候究竟将如何变化，尤其是关于如何行动应对气候变化问题。

6 气候变化曾对历史产生了什么影响?

地球上的气候变化对人类的命运和发展具有决定性的影响力。无论是我们祖先的诞生，还是后来人类文明的发展、消亡都与气候变化有着密不可分的关系。

(1)目前比较公认的不同时间尺度气候的划分情况

地质时期：距今1万年前，也是最长的时期，当时的气候特点是冷暖干湿交替。

历史时期：距今近1万年以来，也是有气候历史记录以来的时期，经历了两次气候波动。

近现代：最近一两百年，也是人类认识到气候变化问题的时期，气候特点是气温上升、降水显著变化。

知识链接

如何知道远古的气候

气候学家会通过研究大量远古事物，如海洋底部的沙石、树木年轮、古老冰层等，来分析不同时代的气候情况。

(2) 可能与气候变化有关的历史事件

1) 恐龙灭绝

一般认为恐龙灭绝是因为小行星撞击地球导致的全球变冷，但研究发现，当时某些地区的气温依然适合恐龙生存，只不过由于降水量减少，陆地上植物大量死亡，从而导致恐龙因缺乏食物而灭绝。

2) 古文明消失

格陵兰的变迁、玛雅文化的衰落、两河流域文明的消亡……历史上有很多的古文明以至今难以解释的原因消失，气候专家认为，气候变化使这些强盛一时的古代帝国最终走向了衰亡。

3) 朝代更替

朝代更替的历史原因很复杂，但或许气候变化也是其中一个原因。中国科学院的一项研究成果显示，我国历史上大多数朝代的灭亡都是发生在气候变冷的低温区间。

4) 文明催生

历史上的温暖期催生了灿烂的古文明。神秘的古印加帝国是由南美洲印第安人创建的。有研究显示，长达400年的温暖期催生了古印加灿烂文明。

第二章 发烧警戒线

1 2℃，为什么可以改变世界？

“近100年气温上升了0.6℃”“100年后气温将上升5℃”……我们经常可以看到类似这样的描述。但是，我们总是不以为意。南北极的气温和赤道附近地区的气温可以相差100多摄氏度！就算是同一个地方，不同季节温度差也可能在30℃以上。气温变化0.6℃，有什么大惊小怪的。

那么，为什么说2℃可以改变世界呢？气温上升2℃，我们人类将面临怎样的后果呢？

“2℃目标”，是指人类应该在2100年前将气温上升控制在2℃之内。这一目标最初是由欧盟提出来的，对于这一数字有着诸多争议，但现在已经逐渐成为“2℃共识”。

《巴黎协定》将温度问题明确的表述为：各方将加强对气候变化威胁的全球应对，把全球平均气温较工业化前水平升高控制在2℃之

内，并为把升温控制在 1.5℃之内而努力。全球将尽快实现温室气体排放到达峰值，21 世纪下半叶实现温室气体净零排放。

《巴黎协定》

《巴黎协定》是 2015 年 12 月 12 日在联合国巴黎气候变化大会上通过、2016 年 4 月 22 日在纽约签署的气候变化协定。《巴黎协定》为 2020 年后全球应对气候变化行动做出安排，是一份全球性的气候新协议，是人类可持续发展进程中的重要一页。

（1）那为什么是控制在 2 ℃之内，而不是 4 ℃或者更高呢？

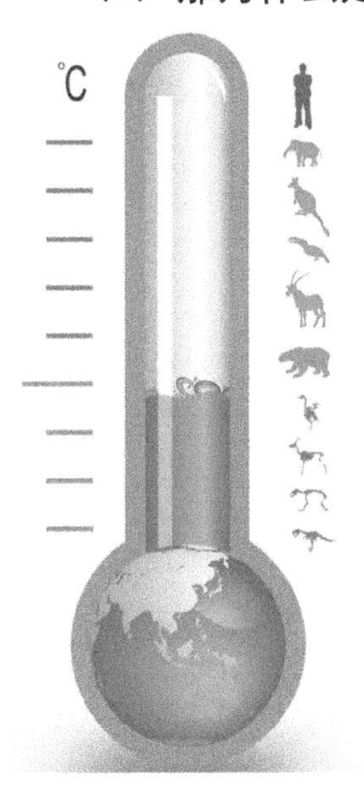

在过去 100 年间全球气温上升了 0.6 ℃，这看起来微不足道的 0.6 ℃，已经造成了一系列我们所能感知的变化，甚至已经导致大量生命和财产的损失。这就好像人的体温，如果平均体温从 36.5 ℃升到了 38.5 ℃，相当于某天有可能要发 40 ℃以上的高烧，那对于人的身体来说是毁灭性的。

科学家对全球气温上升 2 ℃和 4 ℃的情况进行了分析，预计到 2050 年世界人口将达到 90 亿。如果升温在 2℃以内，部分沿海地区和小岛国会因海平面上升而出现人口迁移，但还

有调节余地。当升温到了4℃，海平面上升将大范围影响我们生存，各种资源的使用将不堪重负，地球系统将崩溃，人类文明将面临毁灭。

（2）那为什么也有主张控制在1.5℃之内呢？

“2℃共识”，并非人类社会生存的“保护线”，而是“警戒上限”，也就是说，如果超过了2℃，人类将面临“灭顶之灾”。

其实在某些地区，即使温度上升只有1.5℃，也将引发高风险。小岛国联盟就一直在呼吁，地球升温应该控制在1.5℃以内，否则危机将随时出现，家园将随时可能被淹没。

2 厄尔尼诺和拉尼娜是什么？

提到气候变化问题的时候，我们经常看到“厄尔尼诺”“拉尼娜”这两个名词。“厄尔尼诺/拉尼娜”的名称是西班牙语的音译，意为“小男孩/小女孩”。这对调皮的“兄妹”组合你听说过吗？它们与气候变化有着怎样的关系呢？

厄尔尼诺/拉尼娜现象是指太平洋海面温度异常导致的一系列气候异常现象。厄尔尼诺一般表现为海水温度上升；拉尼娜则刚好相反，表现为海水温度下降。拉尼娜现象总是出现在厄尔尼诺现象之后，它们都会导致全球性气候混乱。

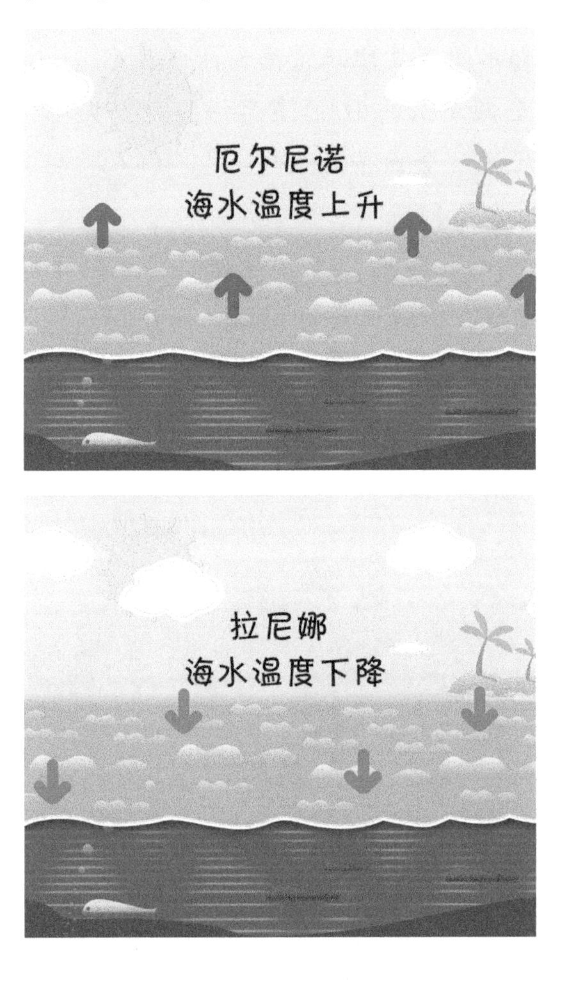

厄尔尼诺/拉尼娜的出现，会对全球很多地区的气候带来影响，特别是太平洋沿岸地区。一些地区会因此暴雨频繁、洪涝成灾；另一些地区则高温少雨、严重干旱。同时，还会导致鱼类、鸟类的成群移动或死亡，破坏珊瑚礁的生长，影响台风和飓风等极端天气的发生。

1997—1998 年的厄尔尼诺事件是几个世纪以来最严重的一次。1997—1998 年发生强厄尔尼诺事件，1998—2000 年发生强拉尼娜事件。强厄尔尼诺—拉尼娜事件交替发生，至少造成 2 万人死亡，全球经济损失高达 340 多亿美元。我国长江流域在 1998 年遭受了 20 世纪以来仅次于 1954 年的特大洪水。

1982—1983 年厄尔尼诺事件是仅次于 1997—1998 年的最强事件，太平洋东部至中部水面温度比正常高出 4 ～ 5 ℃。圣诞节前后，原本栖息在澳大利亚圣诞岛上的 1000 多只海鸟神秘失踪，接着秘鲁境内普降大雨、洪水泛滥。全世界有 1300 ～ 1500 人丧生，直接经济损失 130 亿美元。

从 1950 年以来的记录看，厄尔尼诺的发生频率要高于拉尼娜。当前，全球气候变暖，拉尼娜频率趋缓，强度趋于变弱。而厄尔尼诺却是一种愈演愈烈的形势，近几年频频发生。

厄尔尼诺/拉尼娜不是两个孤立的自然现象，而是全球性气候异常的共同作用。厄尔尼诺/拉尼娜又进一步导致全球性气候混乱，灾难频发，已成为导致全球气候异常的“祸首”。

3 现在的气温上升记录是多少？

我们总在说“全球变暖”，但却不一定感受到了变暖。在冬天的漫天雪花中，大家说：“全球真的在变暖吗？”那么，全球气温究竟上升了多少？现在的气温上升记录是多少？

全球变暖指的是全球的平均气温升高，而非针对特定的某一区域。事实上，在一些地方，全球变暖的表现比较温和，只有夏季更热，冬季不那么冷；而在另外一些地方，会产生极端的热浪。

“史上最热”“打破气温记录”“自有气象观测记录以来最热”……这样的词越来越常见了，气温记录被刷新的速度越来越快了。

我们说的“自有气象观测记录以来”是指1880年。在人类近代史上才有一些温度的记录。这些记录的来源不同，精确度和可靠性也参差不齐。在1850年前，大家一直相信全球温度是相对稳定的。自1860年才有类似全球温度的仪器记录。现在我们在进行全球气温研究的时候，总是以1880年有气象观测记录以来作为参照。

此后的100多年气温或升或降。而大部分的气候变暖是在过去30多年发生的。1979年，人类开始利用卫星来测量温度，发现地球的气温转变过程是十分清晰的。

进入2000年以后，地球平均气温更加显著上升。据世界气象组织的统计，1880年至今，最热的10年都出现在1998年之后。最近几年，全球平均气温更是不断被刷新。2013年是14.52 ℃，2014年是14.6℃，2015年是14.76℃，2016年是14.83℃。

目前，2016年是有气象记录以来的最热年。2016年全球平均气

温比 2015 年高约 0.07 ℃，比 1961—1990 年平均值（14.0 ℃）高出 0.83 ℃，高出工业化时代之前水平约 1.1 ℃。

按目前的温度上升趋势，IPCC 预测到 2100 年全球平均气温将上升 1.4 ～ 5.8 ℃。根据这一预测，全球气温将出现过去 1 万年中从未有过的巨大变化，从而给全球环境带来潜在的重要影响。

温度上升在某些地区显得特别明显，如北极。有证据表明，北极地区的温度上升速度比地球其他地区快将近 4 倍。科学家预测，到 2100 年左右，北极地区的温度将上升 6 ～ 7 ℃。到那时，北极的海冰可能所剩无几，人类生存岌岌可危。

④ 我们排放了多少二氧化碳？

据世界气象组织报告，2015 年全球二氧化碳平均浓度首次突破 0.04%。

0.04% 是一个“里程碑”式的数据。之前几年，二氧化碳浓度曾在某些月份和某些地区到过 0.04%，但全年平均值从未达到这一水平。

科学家表示，在工业革命前的人类历史上，地球大气中的二氧化碳浓度从未超过 0.03%，上一次全球二氧化碳浓度达到 0.04% 至少在 300 万年以前。

知识链接

大气中加入温室气体，地球会爆炸吗？

大气由多种气体组成，各组成气体的体积分数大约是：氮气 78%；氧气 21%；氦、氖、氩等稀有气体 0.94%；二氧化碳 0.03%；其他气体和杂质 0.03%。

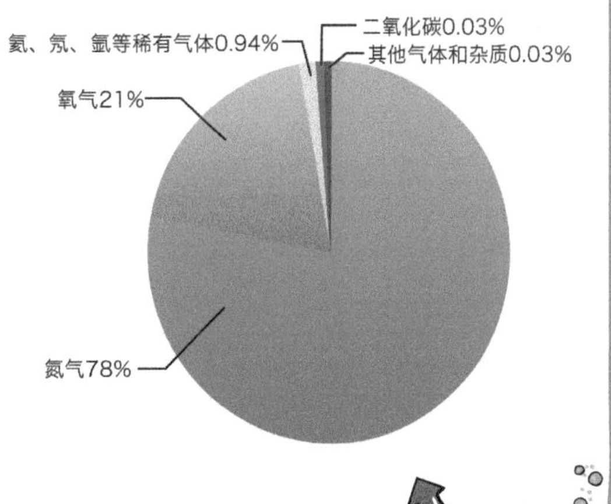

温室气体只占大气体积的很小一部分，即使加上我们排放的，对大气体积的影响依然是很小的，但会对地球表面的温度产生很大的影响。

二氧化碳浓度曲线，又称“基林曲线”，它是关乎人类未来命运的最重要的曲线之一。

19世纪末，科学界普遍认为，大气中二氧化碳的增加会被海洋和植物吸收，并不会对大气温度产生影响。

从1958年开始，查里斯·大卫·基林率领小组在位于美国夏威夷岛的名为莫纳罗亚山的活火山上开展了长达几十年的大气二氧化碳含量观测，并最终绘制了著名的基林曲线，为大气中二氧化碳增加提供了最为关键和令人信服的证据。

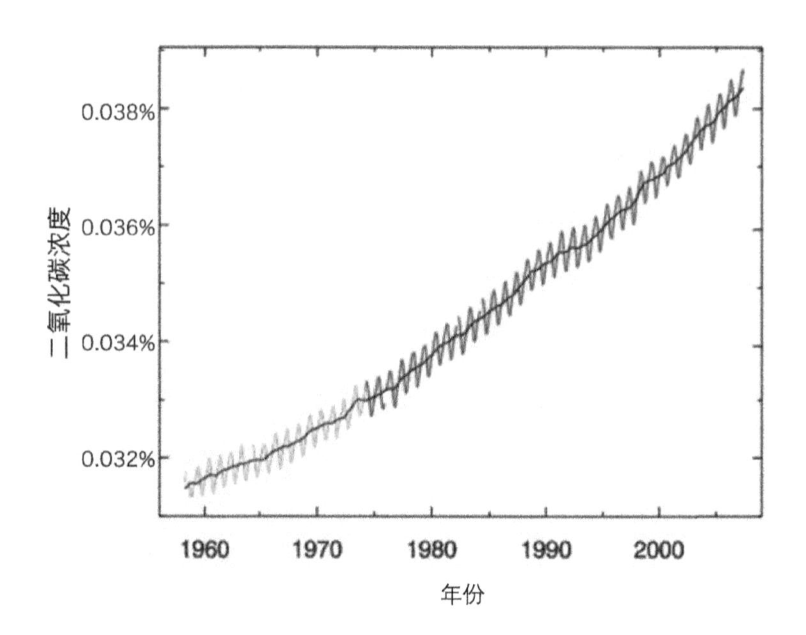

顺着基林曲线的发展轨迹向前看，科学家预测到2050年左右，大气中的二氧化碳含量将会翻倍，有可能增加到0.06%，而这有可能

使地球温度上升3℃左右，也许，甚至会高达6℃。

根据莫纳罗亚天文台的观测，2017年4月18日地球大气二氧化碳浓度达到0.041028%，再创历史纪录。

作为温室效应的首要气体，二氧化碳已经成为导致全球变暖越来越不可逆的罪魁祸首。

知识链接

碳卫星

全球二氧化碳监测科学实验卫星，简称碳卫星。目前所有碳排放量监测手段中，只有星载高光谱温室气体探测技术既能够实现对大气中二氧化碳等温室气体浓度的高精度探测，又能够获取全球各区域气体浓度分布数据。

2016年12月22日，我国发射了首颗用于监测全球大气二氧化碳含量的科学实验卫星。

5 全球海平面将上升多少？

气候变化的两个重要指标，一个是全球气温，另一个是海冰面积。说到海冰面积就不得不提海平面的上升情况。

那么，是冰川融化导致了海平面上升吗？

事实上，海冰是漂浮在水面上的冰，就像把冰块放在装水的杯子里，冰块融化时，水面并不会有变化，冰块融化变成的水替代了冰块的位置。

如果冰融化导致海平面上升，必须是陆地上的冰。而地球上，陆地的冰川主要集中在南极洲、格陵兰岛和山上（喜马拉雅山、阿尔卑斯山等），它们占地球总陆地面积的11%。其中，99%的冰川是在南极和格陵兰岛。

一旦这些冰川融化，流入大海，全球海平面将上升多少呢？世界末日会不会到来呢？

格陵兰岛是地球上最大的岛屿，面积约为英国的7倍。90%的面积被冰雪所覆盖，如果这些冰全部融化，全球海平面将上升7.5米。那么整个北极的冰盖融化的话，后果将不堪设想。

然而，这还不算最厉害的。

如果全球变暖导致南极冰盖全部融化的话，海平面将会上升超过60米。那么，世界上的好多城市如巴黎、伦敦、纽约、北京、上海都要在水下了。

这些冰盖什么时候会融化呢？

事实上，有些地方已经开始融化得很快了。例如，南极洲的一些冰架、格陵兰岛的一部分。科学家认为，到2100年不会融化，但未来的几百年里就很难说了。目前，谁都不知道它们究竟会以怎样的速度融化。刚开始可能非常缓慢，但是，一旦冰块开始活动起来，它就

会变得难以控制。

那么，对未来海平面上升情况的预测是如何的呢?

通过回顾地球久远的过去，科学家发现，我们现在大气层中的二氧化碳含量与300万—350万年前相近，而当时的海平面比现在要高出至少6米。

科学家认为，自有现代记录的1880年以来，全球平均海平面已经上升了20～23厘米。大部分海平面上涨发生在近几十年，伴随着全球变暖的加剧。

我国国家海洋局的数据显示，1980—2016年，我国沿海海平面上升的速度为3.2毫米/年，而且正在不断加速上升。

根据IPCC在2013年的报告，全球海平面将在2100年上升0.3～0.9米。

这些数据看起来并不庞大，但哪怕只是最低水位的上升，对某些地方来说都是毁灭性的。目前，世界上大约有6亿人处于被淹没的危险地带。

虽然太阳照常升起，又照常落下，地球上的一切看似在正常运转，但情况不容乐观。全球变暖、冰川融化、海平面上升等将让我们进入一个全新的、未知的年代。

6 地球会变成火星或者金星吗？

如此大的排放，如此多的二氧化碳，地球会变成火星或者金星吗？

火星，属于太阳系八大行星之一，是太阳系由内向外数的第4颗行星，一直被认为是地球的“孪生兄弟”。

在火星上，95%的气体都是二氧化碳。还有极少量的一氧化碳和水汽。二氧化碳令地球变暖，但却没有让火星变得暖和起来。因为火星上大气稀薄，密度不到地球大气的1%，根本没有办法保存热量。所以，火星上的表面温度很低，很少能超过0℃；在冬季，火星的地表温度甚至会达到−140℃。

火星上一片“死气沉沉”，只有稀薄的云层和终年不变的低温。

有人说，“火星的过去是地球”。有科学家提出，数十亿年前的火星就是现在的地球，据美国航天局数辆火星漫游者的数据，火星在37亿年前存在液态水环境，而且还拥有海洋，或许还存在生命。之后火星磁场消失，失去了大气保护，导致海洋逐渐蒸发，即便存在生命，也逐渐灭绝。

也有人说，“地球的未来是火星”。地球的磁场也面临同样的问题，在过去200年内，科学家发现地球磁场也正在被削弱。或许，地球最终的命运将与火星一样，磁场防护逐渐丢失，大气逃逸，一切剧变从此开始。

还有人说，“金星可能是地球的未来”。

位于地球另一边的行星——金星，最显著的特点是具有厚厚的大气层，大气层内98%是二氧化碳，造成了严重的温室效应，吸收了大量来自太阳的热辐射，使金星表面温度高达400多摄氏度。

我们的地球，大气比火星浓厚，二氧化碳占的量比金星少，刚好可以使平均温度保持在适宜人类生存的范围。

然而，人类持续不断地排放二氧化碳，正在接近全球气候变暖无法逆转的临界点。地球的未来在哪里？

第三章　消失的地平线

1 大堡礁为什么变成了“大笨礁”？

大海之下是一个美丽的世界。除了鱼类、软体动物等各种海洋居民，还有形态各异、绚丽多姿的珊瑚礁。然而，气候学家和海洋学家告诉我们，世界上几乎所有的珊瑚礁都处在崩溃的边缘。

珊瑚礁是地球上最古老、最珍贵、最多姿多彩的生态系统之一。珊瑚是由成千上万的珊瑚虫群体组成的。每一个珊瑚虫的外形、结构等都不一样，使珊瑚拥有了多种多样的形式。据说，每 4 个海洋居民中就有 1 个的生活与珊瑚礁有关。珊瑚礁复杂的结构为它们提供了隐蔽的地方。

世界上现存最大、最长的珊瑚礁位于澳大利亚东北部海域，我们称之为“大堡礁”，但它同时也是最易受气候变化损害的礁。

气候变化对珊瑚礁最大的威胁是高温。1998 年，一次严重的漂白事件使全球大约 16% 的珊瑚礁被破坏，大堡礁白化了 42%，其中 18% 是永久性的损毁。在这起事件中，厄尔尼诺现象起了主要作用。厄尔尼诺作用期间，海水温度升高，超出了珊瑚的适应范围。同时，过多的二氧化碳排放，进入海水中使海水酸化，大大影响珊瑚礁的形成。

已经造成的损害给我们强烈的信号：珊瑚对于气候变化是非常敏感的。

知识链接

珊瑚白化

珊瑚本身的颜色是白色的，而它美丽的颜色来自体内的共生海藻——虫黄藻。虫黄藻携带着各种色素，我们看到珊瑚色彩斑斓，就是这些色素透过珊瑚显现出来的。珊瑚依赖体内的共生海藻生存，海藻通过光合作用向珊瑚提供能量。

一旦海洋环境恶化，海水温度过高或过低、海水盐度不适合、海水太脏太混浊，虫黄藻就会抛弃珊瑚而去，珊瑚将褪去鲜艳的颜色，变成海底的一堆白骨，这就是“珊瑚白化”。

白化的珊瑚将变得非常虚弱，它还没有死亡，但是将持续挨饿，离死亡只有一步之遥。

不仅大堡礁，世界上还有很多地区，如马尔代夫、帕劳群岛、加勒比海等，都已经有大量的珊瑚礁被漂白、被破坏。

珊瑚学家说，全球温度再上升 1 ℃，82% 的珊瑚将白化；上升 2 ℃，97% 将损毁；而上升 3 ℃，灭绝将几乎发生在全球的珊瑚中。

未来，我们是否还能看到珊瑚奇观？

② 珠穆朗玛峰的冰塔林怎么了？

喜马拉雅山是一座巨大的山脉。它由大约 15 000 个冰川和世界上最高的几座山峰组成，其中包括海拔高度为 8848 米的世界第一高峰——珠穆朗玛峰。然而，有研究表明，喜马拉雅山脉的冰川正在加速融化，珠穆朗玛峰的冰塔林也在发生显著变化。

知识链接

冰塔林

冰塔林是冰川区域的一种珍稀的景观，是大自然精雕细琢的作品。海洋上的冰川不能形成冰塔林，只有在大陆性冰川上，且在中低纬度地区才能存在。珠穆朗玛峰的冰塔林高度在 30 ～ 50 米，周围还有冰湖、冰蘑菇，景观非常壮丽。

据科学观测，珠穆朗玛峰的冰塔林在之前一直没有明显变化。然而，从1992年起，冰塔林逐渐融化，并形成了冰挂。2004年，中国科学探险协会拍摄到的照片显示冰塔林已经呈现部分融化，高度也明显降低。2005年，冰塔林出现了崩塌现象，冰湖开始融化。

气候变暖是冰塔林融化崩塌的主要原因。珠穆朗玛峰的冰川集中在5000～6000米高处，它们对温度和雪线变化很敏感。自1960年以来，珠穆朗玛峰的温度大约每10年上升0.4℃。而过去50年，我国平均升温幅度是1.1℃，平均每10年约上升0.2℃。这说明，珠穆朗玛峰是全球气候变化的敏感地区之一。

喜马拉雅山冰川和冰盖被认为是亚洲的水塔，它们将水储存起来，

在旱季向下游供水。下游地区的农业、饮用水和电力生产都要依靠冰川融水。气候变化对喜马拉雅山冰川的影响将给很多地区造成后果。

一方面，山川地貌发生改变；另一方面，大量冰川融水在当地形成湖泊，存在引发洪水的危险。在喜马拉雅地区，约 9000 个冰川湖泊中，有 200 多个存在暴发洪水的危险，有可能造成灾难性的后果。

同时，喜马拉雅山冰川融化已经不再是季节性的事情了，它几乎终年在消融，年平均融化 10 ～ 20 米。据诸多登山者表示，在常规路线上，冰雪变少，而山石更多了。有登山者甚至表示，在海拔 5000 多米的地方发现了嗡嗡叫的苍蝇。

关于喜马拉雅山冰川的未来是极具争议的问题。联合国在 2007 年的一份报告中曾称，喜马拉雅山冰川将在 2035 年消失，但后来证明这一结论有误。

无论如何，喜马拉雅山静悄悄地屹立在那里，冰川消融的脚步却不会停歇。

③ 破坏亚马孙雨林的凶手是谁？

据研究，现在全球森林面积与8000年前相比，足足减少了80%，也就是说，平均每2秒钟就有一片足球场大小的森林从地球上消失。

热带雨林是地球上生物种类最多的森林之一。地球上约有1000万种生物，其中，有200万～400万种生物在热带、亚热带森林中生存。

亚马孙热带雨林位于南美洲，横跨了8个国家，占了世界雨林面积的一半，是世界上最大的热带雨林。亚马孙雨林产生的氧气量占全球氧气总量的1/3被称为“地球之肺”。

这里有着世界上最丰富、最多样的物种，各种已知或未知的动植物生活在其中，是人类珍贵的物种宝库。

世界上仅存的3块热带雨林

分布于亚太地区的“天堂雨林”、刚果原始森林与亚马孙雨林被认为是世界上仅存的3块热带雨林。

然而，近年来，亚马孙雨林正在以惊人的速度遭受严重破坏，森林覆盖率大大降低，动植物生存遭到威胁。

据统计，由于热带雨林的砍伐，亚马孙雨林以每年 29 000 平方千米的速度减少，那里每天至少要消失一个物种。

2005 年 1 月，一场百年不遇的严重干旱席卷了亚马孙区域，区域内的水流几乎全部干掉，引发了当地的森林大火，饮用水被污染，数以万计的鱼类死亡。令人震惊的是这场干旱并非发生在沙漠边缘，而是发生在亚马孙雨林。科学家认为，首要原因是亚马孙北部的海洋变暖。

同时，作为“地球之肺”，亚马孙雨林肩负着调节全球气候的使命。它可以吸收大量二氧化碳，释放大量氧气。热带雨林的减少意味着全球范围内的环境恶化，这将是一个恶性循环。

假如亚马孙雨林的覆盖减少达到 40%，雨林消失将无法逆转。地球失去了“肺”，就相当于没了呼吸，那将是怎样的场景？

4 第一批气候难民是谁?

你听说过“气候难民”吗?

气候难民是指因为气候变化而不得不搬迁家园的人们。追溯历史,辉煌的楼兰文明消失在黄沙之中,也就产生了人类最早一批的气候难民。

随着全球变暖,海平面上升、洪水、干旱、水土流失、资源短缺等频发,这影响了我们的环境、健康和安全,越来越多的“气候难民”正面临生存危机。据统计,目前全世界气候难民的数量甚至超过了战争和政治因素造成的难民。

2001 年，太平洋岛国图瓦卢宣布，由于海平面上升，全国 1.1 万民众将不得不放弃自己的家园，陆续搬移到新西兰。

2007 年，太平洋岛国基里巴斯的一名男子向新西兰提出庇护申请。他表示，气候变暖导致海平面上升，淹没了国家部分土地，导致他找不到安全的家园。这是全球首个将气候变化作为安置理由的移民申请。

据报道，基里巴斯全国平均海拔仅 2 米，人口都分布在大大小小的岛屿上，是受海平面上升威胁最严重的国家之一。很多人在 2000 年知道这个国家，因为这是世界上第一个进入新千年的国家。但是，其能否等到下一个千年的第一缕阳光却要打上问号了。

气候难民将不仅仅带来粮食和家园的问题，还有文化间的冲突和接纳，随之将带来一系列环境问题和社会问题。虽然目前科学家发现气候移民主要在国家内部发生，但他们也指出，随着气候变化对环境的影响越来越大，下一个迁移方式就是跨国迁移。曾有报告指出，移民问题将成为气候变化带给美国的最大挑战。

国际移民组织预测，由于气候变化，到 2050 年，预计世界上会有多达 2 亿的气候难民。数亿人突然间流离失所，这将有多糟糕？

未来，“气候难民”这一概念将不再新鲜。

5 哪些城市即将沉没？

电影《后天》中，全球变暖引发地球空前灾难。灾难从纽约开始，摩天大楼遭到强烈旋风的袭击。突然间，地铁隧道里涌出狂暴不止的汹涌洪水。大水吞噬了纽约，淹没了美国，欧洲也在洪水之下不复存在。

未来，这也许不仅仅是科幻电影中的场景。

马尔代夫是世界上游客度假的“天堂”。其由大大小小 1196 个岛屿组成，其中 200 个岛屿适宜人们居住。也是世界上最低洼的国家，绝大多数的岛屿海拔都小于 1 米，即使是最高的地方也只有 2.3 米。气候变化导致海平面上升，一部分岛屿随时都有可能被淹没。就算暂时没有淹没，海水倒灌一些，也会严重污染岛上的地下水，使马尔代夫的淡水资源变得不复存在。岛上居民生存面临威胁，已经开始寻觅下一个栖身之所。

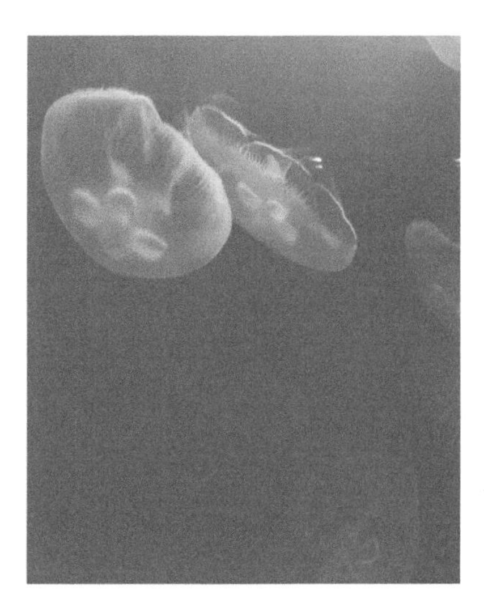

帕劳，这几年因为“水母湖”而越来越为人所知。岛上居民也在担心着祖国将从世界地图上消失。

不仅是这些海岛国家，对于人口多数集中在沿海或河流下游地区的亚洲国家，以及地势低洼的国家，也都面临被海水淹没的危机。

孟加拉国的地理位置使其在很多自然灾害面前都极其脆弱。这是一个狭小

的、人口稠密的、地势低洼的国家。每年这里大约有1/4会被淹没在水中，发生洪涝灾害的时候，这个国家的70%都会被淹没。而气候变化正在加剧这种情况，越来越高的温度加强了雨季，导致了更加严重的洪涝。更严重的是海平面上升，IPCC报告预测，海平面上升对孟加拉国的影响将超过世界上其他任何一个地方。

联合国的一份报告显示，目前，地球上共有3351座城市，超过6亿人生活在海拔10米以下的沿海地区。其中，3.6亿人居住在城市，2.47亿人生活在低收入国家。人口排名前40位的大城市中有35个位于海滨或湖畔。

意大利威尼斯，由于海平面上升，在过去的100年中下沉了20多厘米。如果按照这样继续发展，威尼斯终有一天将消失不见。美丽的威尼斯水城将成为真正意义上的水城，只不过不是水上之城，而是水下之城。

未来30年，中国沿海海平面预计将上升8～13厘米。到2050年，上海海平面将比1990年上升70厘米。如果海平面上升1米，上海将有1/3的面积被海水淹没。

这样下去，世界地图就要重新绘制了。

想象一下，也许终有一天，潜水镜、蛙人服、氧气瓶将如同西装、公文包一样，成为我们日常生活的一部分。

6 温室中的我们将何去何从？

大片的田地颗粒无收，
被淹没的土地没有鱼儿，
大水漫灌的花园没有蜂蜜和美酒，
乌云密布的天空没有雨水。
在那生长优良植物的大地上，
现在长满了“哀鸿的芦苇”。
——一位牧师写于人类历史上第一个帝国“阿卡德帝国”瓦解后

我们应该去哪呢?

联合国气候变化专家小组一再重申气候变化的不可逆转性，让人类的努力始终笼罩着阴影。即使人类明天就停止使用化石燃料，全球变暖效应仍将持续数百年时间。我们至今未找到应对气候变化的灵丹妙药。

南北极冰川加速融化；阿尔卑斯山北部洪水泛滥，南部却水资源短缺；非洲大陆旱灾严重，罕见的干旱和饥荒令难民问题越来越严重；澳大利亚森林火灾在各处爆发；青藏高原冰川融化引发洪涝灾害……

种种反常的情况，却被发现都与气候变化有关系。气候变化正在越来越影响着人类生活和自然环境。

同时，气候变化还导致极端天气更加频繁，洪灾更泛滥、台风更疯狂、暴风雨更猛烈，人类生活正在受到越来越大的威胁。

也许我们真的需要诺亚方舟了！

一名比利时的建筑师，已经构思出了一个海上之城——“睡莲”。在睡莲之城上有住宅、湖泊及假山，可以实现能源供应。根据设想，一旦家园被淹没，人类就可以居住在这种建筑中，漂浮在海面上，实现自给自足。睡莲之城也许在未来某一天真的会成为诺亚方舟，带着遭遇灭顶之灾的人类，风雨飘摇，寻找新的希望。

知识链接

诺亚方舟

诺亚方舟是基督教传说中一艘根据上帝指示而建造的大船，其建造的目的是为了让诺亚与他的家人，以及世界上的各种陆地生物能够躲避一场大洪水灾难。

第四章 气候变化与生物“变形记”

1 金蟾蜍为何灭绝？

金蟾蜍是人类发现的第一例因气候变化而导致物种灭绝的证明。它在20世纪80年代后期从哥斯达黎加消失。

金蟾蜍，恰如起名，是一种两栖类中最美丽的动物。雄性通体金色灿烂，雌性则有着黑色、黄色和红色斑纹。金蟾蜍于1966年被发现并命名，到20世纪80年代后期灭绝，这短短20年时间，它都经历了什么？

一年中大部分时间里，金蟾蜍待在地下洞穴中过着隐居生活。但是，当旱季过去、雨季来临的时候，它们会全部出现在地面上，动物专家记录了曾经看到百余只金蟾蜍聚集在厨房水槽大小的水池边。然而，很快池塘就干了。1989年，动物专家只发现了一只孤独的金蟾蜍。此后几年，就再也没人见过这种动物了。

不仅金蟾蜍如此，到1996年，雾林变色龙和山地变色龙已经完全消失。青山依旧，而林中的瑰宝却在日益不见。

科学家试图解开这些谜团。幸好，研究地点附近的气象站提供了细致的气候变化记录。每个旱季，有雾气的天数越来越少了，雾气带来了维持生命所需的湿度。在山上的研究人员可能察觉不到的细微变化，但是对于山上的变色龙、金蟾蜍和其他类似动物却是灾难性的。

雾气为什么会变少?

科学家发现，罪魁祸首是太平洋表面温度突然上升，导致云团升高到了森林之上。森林不再有雾，湿度不够，上空的云团又遮住了太阳，导致温度也不够。金蟾蜍极易受到干燥天气的侵害，其最终离开了人类。

金蟾蜍是全球变暖第一个记录下来的受害者。当金蟾蜍的灭绝原因变得清晰，科学家们开始怀疑，气候变化对地球上其他生物的影响。

1973年，科学家在澳大利亚东部雨林中发现了一种叫胃育溪蟾(又名南部胃育蛙或南胃孵蛙)的动物。这种蛙曾因奇异的繁殖习惯而震惊世界。雌性蛙吞下受精卵，蝌蚪在它胃里孵化直到长成蛙才离开。生物学界为它的发现而兴奋。然而，在发现它们之后的6年，胃育溪蟾就从地球上消失了。

原因仍然备受争议。据研究，因为厄尔尼诺，澳大利亚东部沿海的降雨量显著减少。这种蛙消失的最可能原因是气候变化。

不仅是金蟾蜍和胃育溪蟾，还有许多物种正在濒临灭绝，许多物种正在变得不像自己，许多物种已经离我们远去。

那些因为气候变化而发生变化的生物们，相比于人类，它们更加无处可逃。

2 北极熊和企鹅怎么了？

左图应该是北极熊和气候变化相关联的最著名的图片了。它孤独地站在一小块浮冰上，周围的冰川都已融化，也许下一刻它就将落入水中，失去了赖以生存的最后一块“大陆”。

冰川在融化，北极熊的生存岌岌可危。不仅是数量上的变化，气候变化甚至还引发了动物在生活习性和生理上的种种改变。

一项研究发现，气候变化和污染导致北极熊的体形越来越小了。

北极熊在动物中算得上是庞然大物了，一只成年的北极熊体重在400～600千克。但你知道吗？相对于以前的北极熊，今天的北极熊实在是太“苗条”了。

科学家对比了20世纪初期和末期的北极熊头骨，发现北极熊体积在过去百年间缩小了2%～9%。由于冰川融化，北极熊不得不动用体内更多的能量去捕捉猎物，这样就大大消耗了它们的体能，限制了它们的生长。

不仅是北极熊，还有地球另一端的企鹅。

最早的时候，北极也是有企鹅的，被称为“北极大企鹅”。只是后来由于人类的入侵和捕杀，导致了北极大企鹅的灭绝。

而近年来，科学家研究发现，由于不能适应持续上升的温度，南极企鹅数量正在减少。南极站附近的阿德雷岛的企鹅以食磷虾为生。海水温度的上升，作为海洋中的脆弱物种，磷虾首当其冲。而企鹅有着宁可饿着也不吃死虾的习性，缺少鲜活的磷虾，对于它们来说无疑是灭顶之灾。

还有很多其他的动物，因为气候变化正在变得不一样。

科学家发现，一种生活在北极的“冰川豹蛛”的体形明显增大了。由于受气候变暖影响，格陵兰岛最北部每年的解冻期平均提前了 20 ～ 25 天。

由于海洋吸收了大量来自大气中的二氧化碳，海水的酸性增强、二氧化碳含量上升，于是便产生了快速生长的超大型螃蟹。

而欧洲水域中的鱼类在过去几十年间缩小了一半。

也许有一天人类的朋友们将变得面目全非了。

3 海洋生物如何艰难存活?

随着二氧化碳排放增加，海水温度上升，酸性增强，海洋生物在大海中的生存也变得没有那么容易了。

知识链接

海水酸化

由于海洋吸收、释放大气中过量的二氧化碳，海水正在逐渐变酸。英国工业革命以来，海水酸性值下降了0.1。海水酸性的增强，将改变海水的种种化学平衡，使多种海洋生物面临威胁。

海水酸化影响海洋生物多样性的原因：二氧化碳－碳酸盐系统是海洋中最重要的化学平衡，几乎影响海洋的各个方面，包括海洋生物多样性，直接影响到贝类、石珊瑚、浮游有孔虫、球石藻、翼足类及珊瑚礁钙质藻等生物的钙化。

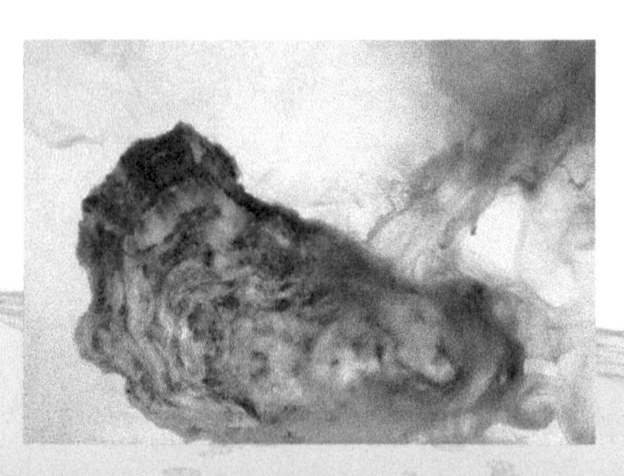

海水酸化使微小浮游生物、牡蛎、扇贝等海洋生物的壳变得越来越薄。

海水酸化导致牡蛎生长速度变慢，而它们的捕食者，如蓝蟹，生长速度变快。

同时，气候变化“操纵”海洋生物迁徙。随着气候变化的继续，大多数海洋生物将会逐渐离开其传统的栖息地。

海洋生物想从气候变化中幸存就要游得更快。国际海洋科学家警告说，海洋生物只有游得更快才能从气候变化中幸存。

微小海洋生物可能极大影响气候变化。研究人员说，微生物利用光、二氧化碳和养分茁壮成长。虽然浮游生物体形小，但它们活跃在各大海洋中，消耗着约一半排放到大气中的二氧化碳。当其死亡后，一些下沉到海洋底部，便会将碳沉淀在沉积物中且能封存很长一段时间。由于浮游生物在调节大气中二氧化碳水平方面发挥了关键作用，因此这种变化可能会反过来引起全球气候的进一步变化。

知识链接

世界海洋日

联合国将每年的6月8日确定为“世界海洋日”。2009年6月8日是联合国确定的首个“世界海洋日”。人类活动使海洋世界变得不再美丽，每个人都应该保护海洋。2017年，世界海洋日的主题是“我们的海洋，我们的未来”。

4 气候变化对动物性别有什么影响？

科学界认为，有些动物的性别不是由遗传决定的，而是由周围环境的温度决定。这一现象也被称为“温度决定性别”机制，主要发生在鱼类和爬行动物中。这类动物对于气候变化更加敏感。

彩色龟生存于北美洲的淡水栖息地中，龟蛋孵化后的性别取决于周围的温度。较冷的气候催生雄性彩色龟，温暖则会催生更多的雌性。这是许多爬行物种的共同特点。为了适应气候变暖，有些彩色龟在改变产卵的时间，往后延几天，使龟蛋达到适宜孵化的温度。

澳大利亚鬃狮蜥是自然界中人类发现的第一种会发生性别变化的爬行动物，它会在蜥蜴蛋孵化过程中随温度变化而转化性别。科学家发现，那些性别变化的蜥蜴相比普通蜥蜴更大、更强壮，繁殖能力也更强。变性蜥蜴在澳大利亚一处比较干旱的地方被发现，那边的温度比其他蜥蜴活动地区的温度更高。

此前人们一直以为，蜥蜴的性别仅仅是由染色体决定的。这一发现，颠覆了我们原先的认知。同时，也让我们更多地思考气候变化带来的影响。

不仅是蜥蜴，鱼类的性别也和温度有关，气候变暖导致有些鱼类的雄性比例大大增加。科学家预测，温度哪怕是发生 1 ℃或 2 ℃的变化，某些鱼类的性别比例也都有可能严重失衡。

而性别比例的失衡，对于那些本已经濒临灭绝的物种而言更是雪上加霜。

随着温度上升，一种生活在新西兰、名为“斑点楔齿蜥”的大蜥蜴，性别比例发生了变化。根据模型模拟结果显示，到 2080 年，温度上升将足以抑制雌性大蜥蜴的孵化。科学家提议，将它们转移到一个温度更低的地方进行繁殖。

动物性别比例的失衡，将严重威胁到物种的延续。

5 “动物移民”工程是什么？

气候变化不仅导致人类迁移，对于动植物也同样如此。

什么时候传宗接代？什么时候迁移？动物们有自己的“生活节奏”。一旦气温、降水、光照等发生变化，就会影响到它们的节奏。

有科学研究表明，气温每上升1℃，鸟类的迁徙时间就会提前0.8天，其中有一些物种甚至会提前3～6天。

还不只是迁移时间改变的问题，有些物种甚至直接就“移民”了。

科学家认为，地球上许多物种通常可以通过地理上的迁徙让个体生活在最适宜的温度中，从而成功应对气候变化带来的影响。

蝴蝶是全球变暖的敏感物种。科学家发现，美洲斑蝶和欧洲斑蝶的分布区在过去的几十年间，最多的向北移动了200千米。

不只是水平的迁移，还有垂直的迁移。气温升高，哥斯达黎加的一些鸟类就从低海拔地区向高海拔地区迁移。

世界上很多生物因为气候变化而迁移。然而，动物的迁移并非一帆风顺。途中，它们可能遇到村庄、城市、建筑施工、森林砍伐等。还有很多因为迁移的速度过于缓慢，无法在气候变化之前到达新的栖息地。

对此，我们人类能做些什么呢？

大自然保护协会的科学家正在对动物可能的迁移路线进行分析，以求届时能扫除障碍，帮助它们顺利迁移。

澳大利亚科学家就如何搬迁一个物种、哪些物种需要优先搬迁及将它们放归何处，设计了一整套物种搬迁工作准则。这被称为澳大利亚“动物移民”工程。

气候变化影响着我们人类，也影响着其他物种，帮助它们应对气候变化，其实也是在帮助我们自己。

气候变化面前，我们一律平等，我们唇齿相依。

6 气候变化，昆虫将统治地球吗？

气候变化会带来动物栖息地缩小、温度不适宜生存等各种问题，但也有些族群会得益于气候变化，如昆虫。

昆虫，是自然界中对气候变化最敏感的动物种类。它们的体温调节主要依靠外界温度，也就是说，只有在一定的温度范围内，昆虫才能够正常生长发育，当气温超出了这一范围，便会影响到昆虫的繁衍、发育，更加严重的会导致死亡。因此，科学家通常会用某些昆虫的迁移和变化特点来观察气候变化。

虽然有很多昆虫因为气候变化而消失或迁移，但目前，科学家发现，全球变暖正在导致世界范围内的昆虫数量猛增。

例如，气候变化后，蚊子越来越多了，蚊子的栖息地开始向海拔更高的地方扩展。

不仅是蚊子，还有蜘蛛。科学家发现，北极的“冰川豹蛛”过去10年生育能力逐渐提高，体形也逐渐增大。

英国一直用蝴蝶来观察气候变化，发现蝴蝶的分布区域较之前扩大了。

同时还有报道说，即使爆发世界性核战争，人类和其他动物在瞬间殒命，而蟑螂却仍然能够生存下来。

也许有一天，统治地球的将不再是人类，而是昆虫了。

科学研究发现，在温暖的环境里，昆虫的新陈代谢和繁殖变得更快。因而，全球变暖使昆虫数量更快增长了。

这些增长带来的不仅仅是昆虫的数量问题，随之而来的还有其他更加严重的问题。例如，农药使用会增加，对人体危害会加大；各种以昆虫传播的疾病会更加猖獗。

目前，我们还不能确定，哪些昆虫物种不能适应气候变化而灭绝，哪些能够适应环境变暖而生存，还有哪些会随着全球变暖而猛增。

气候变化到底带来了什么，影响了什么，改变了什么？这些都有待我们去发现。

第五章　我们在行动

1 是时候行动起来了吗？

人类、土地、天空、水、动物、植物……地球上的万事万物，息息相关。气候变化，即使是一点点、慢慢地在发生，也将影响方方面面。何况现在，温度不断攀升，温室气体浓度屡创新高，冰川融化加剧，极端天气频发，动植物生存遭到威胁……

世界气象组织的最新报告显示，2017 年 1—9 月，全球平均温度比工业化前水平升高了 1.1 ℃，从 2013 年至今将成为有记录以来最热的 5 年。

而气候变暖带来的后果可能是灾难性的。科学报告显示，气候变化使 62 处世界自然遗产处境危险，约占全球自然遗产总数的 1/4，其中受威胁最严重的是珊瑚礁和冰川。

另外，气候变化很可能正逐渐改变气象灾害的发生频率和影响程度。2016 年，全球有记录的极端天气事件共有 797 件，比 2010 年增加了 46%，给人类造成了巨大的损失。

气候变化对人类健康的威胁也越来越大。每年夏天，热射病（中暑）在世界各地频发，给儿童、老人等弱势群体带来了特殊的危险。气候变化还加剧了一些传染病的传播，感染登革热的病例从2010年开始每年都在成倍增加。

“曾经难以想象，现在不可阻挡。”

——前联合国秘书长 潘基文

留给人类减排控温的时间已经不多了。我们必须马上行动起来，尽快完成减排目标。

在《巴黎协定》开放签署的当天，就有175个国家签署了这一具有法律约束力的协定，这正是因为越来越多的国家意识到了气候问题的严重性。

应对气候变化，是时候行动起来了。那么，如何行动呢？目前，国际社会采取的有力行动概括起来主要有：

①绿色循环低碳发展，使能源利用最大化；

②利用新能源、新技术，减少化石能源使用；

③各国、各区域合作治理气候变化；

④生态经济，利用植树造林增加碳汇；

⑤低碳生活，改变个人生活方式。

（来源：中国工程院院士丁一汇）

是时候了，从现在就开始行动起来。

2 发展之路怎么走?

经济发展会消耗大量能源，产生大量排放。应对气候变化和经济发展的平衡，一直是困扰人类的难题。近年来，我们总是能听到这样的口号：要建设生态文明城市，大力发展绿色经济、循环经济、低碳经济、共享经济……那么，这些词，你都知道吗?

绿色经济作为一种引领世界发展的新兴方式，最早由联合国前任秘书长潘基文提出。2007年，在联合国巴厘岛气候变化大会上，他说:“人类正面临着一次绿色经济时代的巨大变革，绿色经济和绿色发展是未来的道路。”

“循环经济”一词出现的时间更早。20世纪60年代，科学家在研究密闭的宇宙飞船如何实现资源循环时发现，地球就像一个飞船，尽管寿命更长，资源更多，但也会有用完的一天。只有实现资源循环利用，地球才能得以长存。

到了20世纪90年代，环境保护、清洁生产、绿色消费和废弃物的再生利用等才融合为一个说法——“循环经济”。

今天，我们提倡垃圾分类回收利用，就是对于发展循环经济的最好体现。

在世界范围内，“低碳经济”的概念在2003年左右应运而生。低碳经济是指低能耗、低污染、低排放的经济模式，以降低温室气体排放为主要目的。

低碳涉及电力、交通、建筑、能源、个人生活等方方面面。发展低碳经济被认为是有效减少二氧化碳排放、应对气候变化的发展之路。

“共享经济”是这几年流行起来的说法。共享概念早已有之。朋友间借书、邻里间借东西，都是一种共享形式。

2010年前后，伴随互联网发展的日渐成熟，越来越多的人不坐出租车，而是用滴滴、Uber等出行；不住酒店，而是通过Airbnb住在当地人家里。这两年，共享的范围不断延伸，出现了共享单车、共享汽车、共享充电宝、共享雨伞、共享洗衣机，甚至共享马桶……

气候变化问题也是人类发展问题，气候变化是关乎人类未来命运的头等大事。绿色、循环、低碳发展，是我们面向未来的选择。

这是一个全新的时代，我们走在一条截然不同的路上，希望路的尽头，天更蓝、水更清、树更绿、花更美。

3 “与碳之战”如何开展？

大气是如此精妙，而人类加诸在它身上的负担又是如此之重。如此多的问题要面对，情况正在越来越复杂，这场“与碳之战”我们将如何开展？有人说，武器是决定一场战争胜负的关键。那么，“与碳之战”，我们的武器是什么呢？

低碳交通、低碳建筑、低碳生活……这些归根到底都涉及用什么能源的问题。可以说，新能源是人类“与碳之战”的最重要的武器。

新能源是指传统能源之外的其他能源。开发使用新能源，不仅可以减少化石能源消耗，还可以有效降低碳排放。

科学家一直在尝试开发各种新能源、新技术。

未来十大新能源

NO.1　太阳能

太阳能的利用已日益广泛，太阳能发电是一种新兴的可再生能源利用方式。

NO.2　风能

在自然界中，风是一种可再生、无污染而且储量巨大的能源。随着全球气候变暖和能源危机，各国都在加紧对风力的开发和利用。

NO.3　水能

水能是一种可再生能源，是清洁能源、常规能源、一次能源。

NO.4　核能

核能发电是利用核反应炉中核裂变所释放出的热能进行发电的方式。

NO.5　地热能

地球上火山喷出的熔岩温度高达 1200～1300℃，天然温泉的温度大多在 60℃以上，有的甚至高达 100～140℃。这说明地球是一个庞大的热库，蕴藏着巨大的热能。

NO.6　潮汐能

因月球引力的变化引起潮汐现象，潮汐导致海水平面周期性升降，因海水涨落及潮水流动所产生的能量称为潮汐能。

NO.7　可燃冰

“可燃冰”是未来洁净的新能源。它的主要成分是甲烷分子与水分子。它的形成与海底石油、天然气的形成过程相仿，而且密切相关。

NO.8　氢能

氢能在 21 世纪有可能在世界能源舞台上成为一种举足轻重的二次能源。它是一种极为优越的新能源，燃烧的产物是水，是世界上最干净的能源。

NO.9 微生物

科学家利用微生物发酵，可将它们制成酒精，用其稀释汽油所配制的“乙醇汽油”，功效可提高15%左右，而且制作酒精的原料丰富，成本低廉。

NO.10 微藻

微藻是一种水生浮游植物，它们能有效利用阳光，将水和二氧化碳转换成生物能。而有些微藻可以用来制造生物柴油。海洋微藻被认为是“后石油时代”解决能源危机的一把钥匙。

这些新能源，实际上也不新了，有的甚至是很“旧”的能源。早在古罗马时期，人类就已经开始利用风来带动风车把水送到高处，后来还用它来磨麦子，远远早于我们使用的发动机。在我国古代，有一种叫“水车磨坊”的大型装置。水车利用水流作为动力，进而带动石磨运动，不仅省力，而且环保。古人的这些智慧，要是放到现代社会中，就真正是低碳生活了。

那么，在现代新能源为什么没有快速发展起来呢？事实上，除了水力发电和化石能源价格差不多，其他新能源比直接从大自然获取的化石能源贵得多。除非有一天，化石能源的价格上升到了和新能源一样甚至更高。否则，它依然会是大部分人的首要选择。

“与碳之战”，不仅是我们与气候变化斗争来拯救地球，还会带领我们走上一条截然不同的未来之路。

新能源——21 世纪最酷的事。

4《蒙特利尔议定书》的胜利意味着什么？

当人类在着手应对气候变化时，情况又似乎陷入了一片混乱。每一年的联合国气候变化大会，总是各方立场不同，观点不同而成果甚少。

然而，回顾人类为保护我们的生存环境所做过的努力，《蒙特利尔议定书》不得不说是成功的一页。

知识链接

《蒙特利尔议定书》

氟氯碳化合物是一种会破坏地球臭氧层的物质。《蒙特利尔议定书》是为减少氟氯碳化合物的排放量而签署的国际公约。该公约在加拿大蒙特利尔签署，自1989年1月1日起生效。

臭氧层阻碍着紫外线，它就像是地球的防晒霜，使人类可以接受正常太阳光的照射。然而在20世纪70年代，科学家发现南极洲上空的臭氧层出现了空洞。后来，在北极又出现了第二个洞。当时臭氧层空洞成为全球的焦点，引起了人们的恐慌。

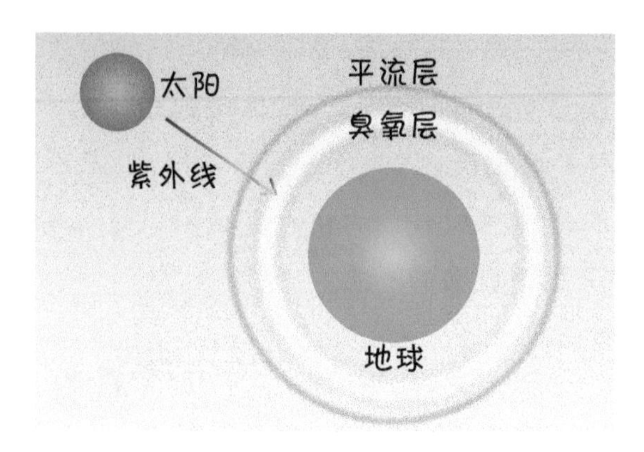

臭氧浓度的下降，使人类患上眼疾的可能性大大增加，也使人类更容易遭受各种疾病的冲击，动植物生存也面临着威胁。

直到科学家发现了氟氯碳化合物与臭氧空洞之间的科学关系。氟氯碳化合物在空调等工业产品中被广泛使用。

《蒙特利尔议定书》随之诞生。这份公约的实际效果在当时也一度被质疑。然而，幸好结局是美好的。通过人类的努力，臭氧层空洞不断缩小。今天，我们甚至可以说，已经克服了这一问题。这是人类在保护地球的历史上一次漂亮的胜利。

事实上，气候变化是一个全球性的问题，为了应对气候变化，各国必须共同合作。现在，世界各国也在用类似的方式解决气候变化。区别是这一次的战斗对象不是氟氯碳化合物，而是排放量更大更普遍的温室气体。

从《京都议定书》《巴厘路线图》到《巴黎协定》，虽然困难，但我们依然在努力。

有数据显示，在过去几年，地球的二氧化碳浓度虽然没有显著下降，但是，也曾一度保持了原来的水平。

这当然也是一种胜利。只是，我们做的还远远不够。

《巴黎协定》之后，未来的出路在哪里？

5 什么是“种一棵树的经济学”？

在手机上轻轻一点，就能在内蒙古的库布其沙漠种一棵树。“在网上种树”你听说过吗？什么是“种一棵树的经济学”呢？

支付宝的公益应用“蚂蚁森林”就是一个案例。

打开支付宝的“蚂蚁森林”应用，可以领一株虚拟的树苗。当我们通过步行或公共交通取代私家车出行，当我们用电子消费取代线下支付，当我们用绿色软件办公……这些行为减少了碳排放，“蚂蚁森林”就会产生一定数量的绿色能量，浇灌这棵虚拟树。

当绿色能量积累到一定数额，这颗虚拟的树就可以长大，成为一颗真实的“梭梭树”，种植到库布其沙漠。当我们前往那里，会看到一片真正的梭梭林，这片林子的名字就是“蚂蚁森林”。

这个有趣的应用吸引了很多人在线操作。其不仅记录了我们的绿色碳足迹，同时，这也是一次购买碳汇的过程。

购买碳汇是“种一棵树的经济学”。那么，到底什么是碳汇呢？

目前，减少大气中的温室气体主要有两种方式：一是减少温室气体排放；二是增加对温室气体的吸收。碳汇的主要原理就是后者，是指吸收并储存碳化合物（特别是二氧化碳）的“仓库”，主要包括森林碳汇、海洋碳汇、湿地碳汇等。

其中，森林碳汇是最重要的碳汇形式，是指森林植物通过光合作用，吸收二氧化碳并将其固定在植被或土壤中，从而减少二氧化碳在大气中的浓度。

知识链接

光合作用

光合作用，主要指植物在可见光照射下，利用叶绿素将二氧化碳和水转化为有机物，并释放出氧气的过程。光合作用是生物界赖以生存的基础，也是地球碳循环的重要媒介。

光合作用的过程，就形成了固碳效果。

IPCC报告指出，森林碳汇具有减缓和适应气候变化的作用，是减少碳排放成本最低且经济可行的重要方式。一旦森林遭到砍伐或破坏，大量温室气体无法通过光合作用吸收转化，进而加剧温室效应。

保护森林，增加碳汇，就是保护地球。

6 小小行动也能影响气候变化吗？

如果你觉得气候变化仍离我们很遥远，那么，看看那些人类所面临的气候变暖的威胁吧！如果你觉得对于气候变化我们无能为力，那么，看看下面这些数据吧！

我们每用 1 度电，就会有 0.96 千克的碳排放；每开车 1 千米，就会有 0.22 千克的碳排放；每用 1 吨水，就会有 0.194 千克的碳排放；每丢 1 千克垃圾，就会有 2.06 千克的碳排放。

在中国，平均一个人每年的二氧化碳排放量为 2.7 吨。但一个城市白领，即使只有 40 平方米居住面积，开 1.6 L 排量的车上下班，一年乘飞机 12 次，碳排放量也会达到 2611 吨。

我们日常生活中的碳排放，尤其是城市生活中的碳排放不容小觑。

目前，城市里大家选择新能源车越来越多了。据统计，混合动力车约比普通汽车省油 10%，而纯电力车几乎能减排 100%。

中国从 2016 年 10 月 1 日起，全面禁止使用 15 瓦及以上的普通照明白炽灯。使用节能灯替代白炽灯，可大大节电，预计每年可减少二氧化碳排放 4800 万吨。

知识链接

"地球一小时"

"地球一小时"是世界自然基金会应对全球气候变化所提出的一项倡议。每年 3 月最后一个星期六晚上 20:30—21:30，希望个人、社区、企业和政府熄灯一小时，来支持气候变化行动。熄灯是一种信号，代表着我们保护地球的信心。"地球一小时"，让我们用行动超越一小时。

近几年，国际上还在流行“零碳生活”的说法。

零碳，并不是不排放二氧化碳，而是通过设计方案，抵消碳排放，达到零碳排放。相关的概念还有零碳城市、零碳建筑、零碳社区等。

这方面最典型的国家是丹麦。丹麦是诞生了安徒生童话的地方，然而，“零碳”并非童话。以零碳为目标的丹麦，已成为全球实现绿色低碳发展的“实验室”。丹麦通过开发新能源实现零碳，通过改造已有设施靠近零碳。

当然，这离不开全民行动和全民参与。在丹麦的大街小巷，经常能听到的谈话和广告语就是“你今天骑自行车了吗？”“你应该有一辆自行车！”

低碳生活，人类必将选择的未来。每个人都应该低碳生活，从日常生活中点滴做起。少开一次车，少乘一次电梯，多节约一度电、一升水、一张纸，进行垃圾分类回收利用……积少成多，将会对气候变化产生多大的作用啊！

低碳生活，从你我做起！

第六章 应对气候变化的奇思妙想

1 我们有可能拯救地球吗？

地球发烧了，我们正在努力。然而，这一切还有用吗？

温度上升控制在2℃真的能实现吗？大气二氧化碳浓度超过了0.04%后的极限值在哪里？冰川融化何时是终点？各种极端天气的发生我们还能一如既往幸免于难吗？我们还有可能拯救地球吗？

气候变化的速度实在是太快了！

如果不尽快减少二氧化碳和其他温室气体的排放，到2100年，我们将面临温度以危险的速度上升，达到远远超过《巴黎协定》所设的水平。

气象学家根据1960—2010年各国的气象数据，再利用世界人口

总数的增长趋势和世界经济的发展趋势，对未来的气候变化进行预测。多项研究发现，到 2100 年，全球温度升高很可能在 2～4.9℃。即使我们采取减排措施，也可能达到 3.2℃。温度上升不超过 2℃的可能性只有 5%。

世界气象组织最新公报指出，全球大气层二氧化碳浓度上升至 0.04033%，较过去 10 年平均高出 50%。追溯过去，300 万年前地球二氧化碳平均浓度达到 0.04% 那段期间，海平面比现在高出 10～20 米。

伴随着温度上升，各种极端天气也频频发生。暴雨、洪水、干旱等每年都在夺去无数人的生命。

很多悲观的气候人士认为，气候变化已经覆水难收，难以回头。拯救地球的可能性正在变得微乎其微。

现实不容乐观。控制大气中的温室气体含量，应对气候变化，至今没有灵丹妙药。

或许，科幻小说式的解决方法是人类最后的选择。

② 地球工程是速效“退烧药”吗？

那么，有什么方法能让地球迅速“退烧”吗？

有人提出，将二氧化碳直接注入深海，这一想法在很早就被提出来了。然而，实践证明，这种方法不仅成本高昂，而且随着海水中二氧化碳浓度的升高，生物的生存也会遭到威胁。那么，将二氧化碳埋到地下呢？科学家计算，将二氧化碳运到目的地，注入地下，单单这一步骤就要消耗大量的能源。

有人提出，往大海里倾倒生石灰，使大海溶解更多二氧化碳。这一方法的效果应该会立竿见影，而且这些碳也不可能再回到大气中。只是，需要开采、焚烧、运输的矿石量几乎与石油开采处理的矿石量差不多。而且，目前全球还没有足够的船只来运输撒播所需的石灰。

有人提出，在沙漠上覆盖反射膜、用白色塑料制成漂浮在海上的岛屿，从而将更多的阳光反射回太空。还有人提出建造人工火山，将人造烟雾释放到空气中，迫使温度下降。

但是，这些方法都有种种的限制因素。

这些形形色色的方法，统称为地球工程。

知识链接

地球工程

地球工程也叫气候工程，是指人类对地球气候系统进行大规模人为干涉，以应对和消除全球变暖的影响。

目前，地球工程主要采用的方式有两种：一种是减少太阳辐射，指通过减少地球吸收太阳能量来抵消温室效应，使地球降温；另一种是碳移除，指移除大气中过多的温室气体，主要表现为从空气中捕捉二氧化碳并深埋地下，此项技术被视为较具潜力的地球工程学方法。

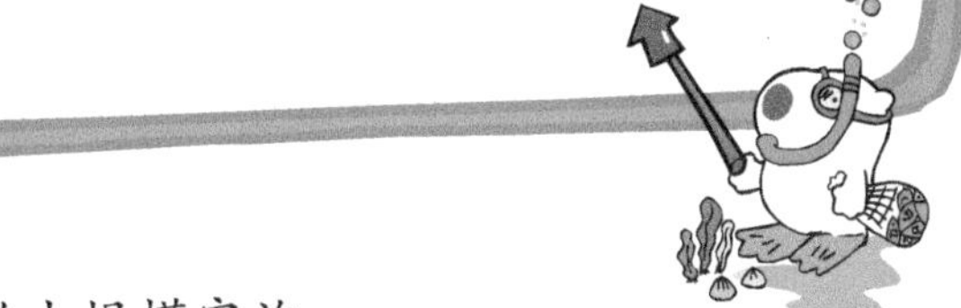

目前，不少地球工程已经开始小规模实施。

德国的一个研究小组在阿尔卑斯山脉上设立了一个屏风装置，利用这一装置使冷风吹过冰川，即使冰川融化不能停止，至少会减慢。

挪威发电厂把煤转换成气体，在排出的过程中分离二氧化碳，然后永久储存在海底或地下。

美国科学家在野外布置“人工树木”。这些外形是树木的机器可以吸收更多的二氧化碳。

很多科学家表示出了担忧，认为地球工程的这些招数能退烧，但不良反应太大了。有科学家甚至干脆称其为“疯人院科学”。英国皇家学会的研究报告认为，地球工程风险很大而且未经验证，是遏制全球变暖的“下下策”。中国社科院的研究员将地球工程形容为“最后一剂猛药”。

从目前来看，只有减排，才是人类应对气候变化的“无悔”选择。

3 "未来之牛"是什么？

你知道牛羊也会排放温室气体吗？而且，排放的还不少！

二氧化碳是主要的人造温室气体，而另一种温室气体——甲烷，虽然大气中含量没有二氧化碳多，但是，所产生的温室效应却要显著得多。据统计，甲烷对温度上升的影响是二氧化碳的 28 倍，估计对人类工业革命以来的全球变暖负有 1/5 的责任。

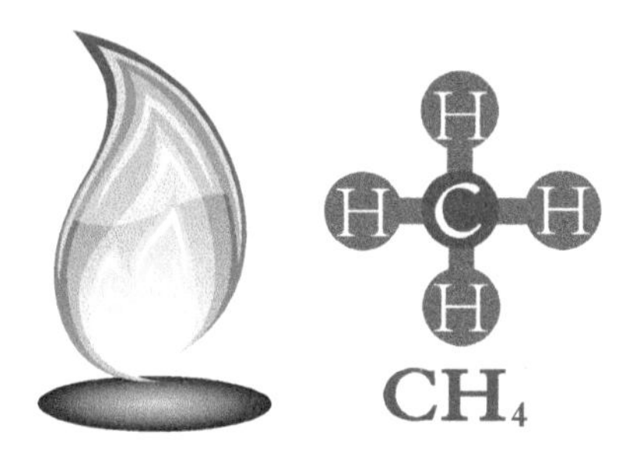

目前，最主要的甲烷排放来源是石油和天然气的生产，而另一个主要来源则是牛羊等家畜。据统计，在美国，8800 万头牛产生的甲烷比垃圾填埋场、天然气泄露等产生的甲烷还要多。在澳大利亚，牛羊排出的甲烷占全国温室气体排放总量的 14%。

知识链接

牛羊碳足迹

1 头牛每年要排出 9 千克可形成烟雾的污染物，污染程度甚至超过了一辆小型汽车一年的排放量。近年来，人类对于肉食的过度需求导致了牛羊数量的激增，从而对地球环境造成了极大的威胁。

那么，牛羊为什么会制造出甲烷呢？首先来了解一下它们的消化系统。牛羊等一些动物都属于同一个种类，称为反刍动物。反刍动物有4个胃，它们在胃里消化食物，而不是像人一样在肠子里消化。反刍动物吃下食物，然后使食物回流到嘴里作为反刍再吃一次。它们的胃里充满了帮助消化的细菌，但同时也会制造出甲烷。

这里还有一个问题，人们对牛羊如何排放甲烷常常存在误解。其实，在牛羊排放的所有甲烷中，有97%是通过打嗝从前端排放的，而不是从后端。

针对牛羊的碳足迹，美国白宫还专门提出了一项改善计划，叫“未来之牛”。

“未来之牛”，就是指通过各种科学手段培育甲烷排放较少的下一代家畜。例如，在饲料中添加抗甲烷药片；通过肠道DNA检测培育有更好的消化系统的牛羊；给牛羊安装排放气体背包来收集甲烷等。

“未来之牛”计划，或许真的会成为遏制甲烷排放的一种方式。

甲烷排放，不容小觑。

4 是否有一种植物可以改变气候？

气候变化使动植物的生存受到威胁。反过来，是否有一种植物可以改变气候呢？

事实上，植物对气候变化的影响不仅仅在于吸收二氧化碳，一些科学家正在尝试用生物质来酝酿特制的燃料以取代化石能源。

知识链接

生物质

生物质是指利用大气、水、土地等通过光合作用而产生的各种有机体，即一切有生命的可以生长的有机物质。生物质的特点是具有可再生性，低污染，资源丰富，对解决全球能源需求具有非常重要的作用。

古巴的研究人员以麻风树种子为原料生产出了生物柴油，并在轻型汽车中试用成功。以麻风树种子为原料生产的生物柴油相比传统柴油，污染更小。与玉米、甘蔗等生物燃料不同，麻风树并不是人类食用的作物，不会和人类争夺粮食。因此，大力发展麻风树种植或许是一种应对能源危机和气候变化的有效方法。

在发展可再生能源的国家中，巴西是最早涉足的且发展较为成熟，那里的汽车大多以甘蔗制成的乙醇为燃料。在美国，大多用玉米来制造乙醇，但算上种植玉米所消耗的化石燃料，使用玉米并不能省下很多碳。

科学家发现了一种更高效的乙醇燃料——柳枝稷，将大大改善碳排放。

英国在发展生物燃料方面算得上是佼佼者之一。早在 2008 年，英国就首次使用生物燃料开展了航空飞行，在一架波音 747 飞机中，添加了 20% 的生物燃料，其原作物是椰子和巴西棕榈树。

生物燃料是当前全球应对气候变化中的一个热点话题。或许有一天，我们真的可以不再依赖于化石燃料，而是依赖那不断生长的成片的植物了。

5 “末日种子库”可行吗？

在距离北极1000千米的北冰洋偏远岛屿上，有着一个神秘的全球种子库。

据说，那里存放着约1亿粒世界各地的农作物种子。一旦有珍贵物种遭受来自自然灾害、战争等问题的破坏，这个种子库可以为世界各地的植物基因提供支持，从而避免植物灭绝，帮助抵御全球性粮食危机。为此，它又被称为“末日种子库”。

“末日种子库”被保存在地下130多米处，库内温度常年保持在−18 ℃。在这样的条件下，小麦、大麦、豌豆等重要的农作物种子可保存长达1000年。即使海平面上升或冰川融化，也可以保证种子干燥。“末日种子库”被认为是人类未来的希望所在。

然而，也有人提出质疑，“末日种子库”真的可行吗？

其实，现在全球的种子库有1700多个，除了“末日种子库”，各个国家还建有保护自有品种的国家种子库，还有一些国际组织建设的全球种子库。但这些种子库或多或少都存在一些安全隐患，面临着来自外在环境的威胁。

即使“末日种子库”已经充分考虑了安全因素，但近年来北极地区反常高温，导致积雪融化。2018 年以来，大量积水涌入种子库。尽管后来官方想办法解决了，但全球变暖的威胁还远远不只进水。例如，种子库所在的冻土层是否也会开始融化呢？如果融化，会不会导致种子库结构强度降低，内部渗水呢？

对于这些问题，我们现在都还没有答案。

也有人提出，“末日种子库”的设计初衷是应对气候灾难和核战争。一旦地球遭受了这样的摧毁，我们还会有“希望的田野”吗？还有可能让种子生根发芽吗？

如果真的那样，就只能把种子库打开，煮地球上最后一顿“八宝粥”了。

6 那么，我们移民火星好吗？

随着人类对火星的了解越来越多，移民火星的梦想也被一再提及。然而，如果非要给这个梦想加个时间的话，可能是1000年以后。

在火星上，95%的气体都是二氧化碳。二氧化碳使地球变暖，却没让火星变得暖和。当我们人类在为全球变暖而担忧，进而寄希望于火星的时候，火星却首先需要变得温暖起来。

美国“火星协会”已经制订了一套详细的“千年火星改造计划”，这套计划可以将火星逐步改造成适合人类居住的“绿色星球”。然而，即便如此，计划的最终是1000年后火星上的氧气含量依然很低，移民到火星的地球人只能佩戴氧气罩在火星上活动。

事实上，人类对火星的认识还在不断探索中，至于火星登陆计划更是遥遥无期。除了火星，人类还一直在探索发现其他适合的星体。然而，那些发现的系外行星中，即使有所谓的太阳和月亮，行星的表面温度和地球却大不相同。有些是1000多摄氏度的酷热世界，有些则是极度严寒的星球。

我们居住的这颗蓝色星球真的太特别了。有适合浓度的氧气，有水，还有适宜生存的温度。

也许，“火星环境地球化”在久远的未来真的能实现，或者说这是人类必须实现的任务。但目前为止，地球是浩瀚宇宙中独一无二的存在。

守护地球，守护人类共同的家园。

未来，就看你的了。

参考文献

[1] 克里斯蒂安娜・多里翁 . 气候是如何运转的 [M]. 荣信文化，译 . 西安：未来出版社，2011.

[2] 海蒂・卡伦 . 可怕的气候 [M]. 顾康毅，译 . 南京：译林出版社，2015.

[3] 孙健，胡欣，李海胜 . 气候变化的故事 [M]. 北京：人民邮电出版社，2011.

[4] 秦大河 . 气候变化：我们身边的科学问题 [M]. 北京：学苑出版社，2010.

[5]《环球科学》杂志社，外研社科学出版工作室 . 2036，气候或将灾变 [M]. 北京：外语教学与研究出版社，2016.

[6] 杨永龙 . 气候战争 [M]. 北京：中国友谊出版公司，2010.

[7] 海伦・奥姆 . 气候变化 [M]. 王晶晶，姜晓莉，译 . 北京：中国环境科学出版社，2011.

[8] 林泰勋 . 咦？气候到底怎么了？ [M]. 北京：中信出版社，2010.

[9] 史蒂芬・法里斯 . 大迁移：气候变化与人类的未来 [M]. 傅季强，译 . 北京：中信出版社，2010.

[10] 丁一汇 . 我们该如何应对全球气候变化 [EB/OL].（2009-11-09）.http://www.ccchina.org.cn/Detail.aspx?newsId=27887&TId=59.

[11] 喜马拉雅冰川可能在 2035 年完全消失 [EB/OL].（2008-11-18）.http://www.weather.com.cn/static/html/article/20081118/18021.shtml.

[12] 能源之光：未来十大新能源 [EB/OL].（2011-07-13）. http://www.weather.com.cn/climate/qhbhyw/07/1400834.shtml.

[13] 环球网美国推“未来之牛”研究 减少家畜排放温室气体量 [EB/OL].（2014-04-09）.http://finance.huanqiu.com/view/2014-04/4962215.html.

[14] 气候变化，动物也要应对它！ [EB/OL].（2016-09-12）.http://www.sohu.com/a/114174697_384269.